小实验串起科学史 （全20册）

从望远镜到宇宙的年龄

路虹剑 / 编著

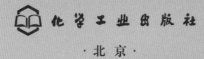

化学工业出版社

·北京·

图书在版编目（CIP）数据

小实验串起科学史 . 从望远镜到宇宙的年龄 / 路虹剑
编著 . —北京：化学工业出版社，2023.10
ISBN 978-7-122-43908-6

Ⅰ . ①小… Ⅱ . ①路… Ⅲ . ①科学实验 - 青少年读物
Ⅳ . ① N33-49

中国国家版本馆 CIP 数据核字（2023）第 137520 号

责任编辑：龚 娟 肖 冉　　　　　　装帧设计：王 婧
责任校对：宋 夏　　　　　　　　　　插 画：关 健

出版发行：化学工业出版社（北京市东城区青年湖南街 13 号 邮政编码 100011）
印 装：盛大（天津）印刷有限公司
710mm×1000mm 1/16 印张 40 字数 400 千字
2024 年 4 月北京第 1 版第 1 次印刷

购书咨询：010-64518888
售后服务：010-64518899
网 址：http://www.cip.com.cn
凡购买本书，如有缺损质量问题，本社销售中心负责调换。

定价：360.00 元（全 20 册）

作者序

在小小的实验里挖呀挖呀挖，挖出了一部科学史！

　　一个个小小的科学实验，好比一颗颗科学的火种，实验里奇妙、有趣的科学现象，能在瞬间激起孩子的好奇心和探索欲。但这些小实验并不是这套书的目的和重点，它们只是书中一连串探索的开始。

　　先动手做一个在家里就能完成的科学实验，激发孩子的好奇，自然而然地，孩子会问"为什么"，这时候告诉他这个实验的科学原理，是不是比直接灌输科学知识更能让孩子接受呢？

　　科学原理揭秘了，孩子的思绪就打开了，会继续追问：这是哪位聪明的科学家发现的？他是怎么发现的呢？利用这个科学发现，又有哪些科学发明呢？这些科学发明又有哪些应用呢？这一连串顺

理成章、自然而然的追问，是不是追问出一部小小的科学史？

你看《从惯性原理到人造卫星》这一册，先从一个有趣的硬币实验（实验还配有视频）开始，通过实验，能对经典物理学中的惯性有个直观的了解；紧接着通过生活中的一些常见现象来加深对惯性的理解，在大脑中建立起看得见摸得着的物理学概念。

接下来，更进一步，会走进科学历史的长河，看看是哪位伟大的科学家首先发现了惯性原理；惯性原理又是如何体现在宇宙中星体的运动里的；是谁第一个设计出来人造卫星，这和惯性有着怎样的关系；我国的第一颗人造卫星是什么时候发射升空的……

这套书共有 20 个分册，每一个分册都有一个核心主题，从古代人类文明，到今天的现代科技，内容跨越了几千年的历史，能读到伽利略、牛顿、法拉第、达尔文等超过 50 位伟大科学家的传奇经历，还能了解到火箭、卫星、无线电、抗生素等数十种改变人类进程的伟大发明的故事。

这套书涉及多个学科，可以引导孩子在无数的"问号"中深度思考，培养出科学精神、科学思维、科学素养。

目录

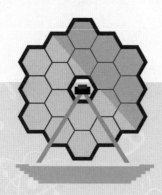

从古至今，人们都对宇宙充满了好奇，而天文望远镜的诞生，能让我们看到离地球上亿光年的地方。可以说，天文望远镜促进了天文学的发展，扩大了我们对宇宙的认识，也为人类的航天探索提供了必要的条件。那么，历史上是谁发明了望远镜？宇宙的年龄又是多大呢？

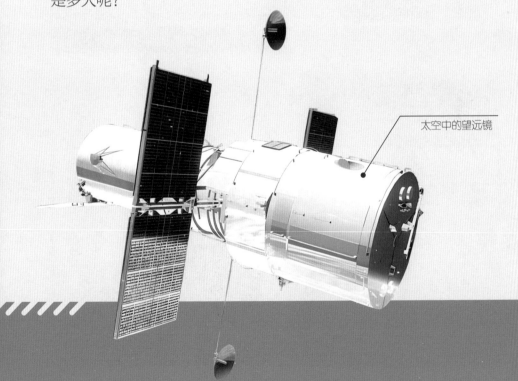

太空中的望远镜

小实验：能点火的瓶子

在我们了解天文望远镜的历史之前，先做一个有趣的小实验，看看 你能发现什么。

扫码看实验

实验准备

装满水的葫芦瓶、纸和黑色马克笔。

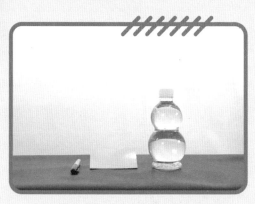

实验步骤

1

先用黑色马克笔将白纸涂黑一块。

然后我们在室外有阳光的地方，用葫芦瓶聚集阳光。

让最小光斑落在纸上涂黑的区域，等待一会儿。

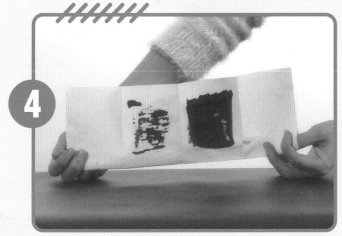

只用了很短的时间，纸竟然被烧破了。葫芦瓶怎么变成了一个放大镜呢？这是什么原理呢？

实验背后的科学原理

在这个实验中，葫芦瓶之所以能够产生放大镜一样的效果，是因为在装满水的情况下，它就像一个凸透镜。在光学中，凸透镜具有聚光的作用，能够把平行光线聚焦在一个点上。

在这一个点上，太阳光的热量也被高度集中了，因此产生了高温，随着时间推移，当温度达到纸张的燃点时，纸就会燃烧起来。

放大镜能够聚光

"磨冰取火"的故事

你听过"磨冰取火"的故事吗？在野外生存中，有人把冰块磨成放大镜的形状，然后用冰将阳光汇聚到枯草叶上，过了一会儿，叶子就被点燃了。其实磨冰取火也是利用了凸透镜可以聚光的原理。

和显微镜一样，望远镜也是人类历史上最伟大的发明之一。传统光学望远镜的工作原理，就是利用凸透镜或凹面镜来收集、聚焦和放大光线，从而实现对遥远物体的观测。那么，望远镜最早是什么时候出现的呢？

第一架望远镜的诞生

公元前 3500 年左右，腓尼基人首次发现了玻璃，但直到过了 5000 年左右，玻璃才被做成透镜，制造出了第一架望远镜。

早期在荷兰出现的
单筒望远镜

已知最早的望远镜于 1608 年出现在荷兰，当时一位名叫汉斯·利珀希的眼镜制造商，成功地利用自己学到的光学知识制作了一个粗糙的望远镜。利珀希还向政府提交了一项关于望远镜的专利。虽然他最终未能获得专利，但有关这项发明的消息很快传遍了欧洲。

仅在一年之后，意大利的物理学家、天文学家伽利略听说了利珀希的设计，他很感兴趣并马上做了研究。伽利略很快解决了望远镜图像倒立的问题，他改进了利珀希的设计：在铅管的一端装了凸透镜，另一端装了凹透镜，制成了他的第一架望远镜，这种结构的望远镜后来被称为伽利略望远镜。几天后，他成功地制造出比第一个更好的望远镜。

伽利略正在向国王展示他的望远镜

伽利略致力于改进望远镜，想制造出更大倍率的望远镜。他的第一架望远镜的放大倍数是 3 倍，但他很快就制造出了放大倍数为 8 倍的仪器。最终，他制造出了一架近 1 米长，具有 37 毫米物镜和 23 倍放大倍数的望远镜。

伽利略还首次把望远镜应用在天文学上。1609 年的秋天，他用望远镜开始了一系列的天文观测，观测木星的卫星、月球上的山丘和山谷、金星的相位和太阳黑子。基于这些观察，伽利略得出结论——

波兰天文学家哥白尼提出的"日心说"比先前的"地心说"更为准确。

紧接着，在1611年，德国天文学家约翰内斯·开普勒提出了计算透镜效应的数学解决方案，并发明了一种有两个凸透镜的天文望远镜，被称为开普勒式望远镜。这种望远镜的成像是上下颠倒的，但相对于伽利略设计的望远镜，开普勒式望远镜的视场（看到天空的范围）更大，看得也更远。

开普勒望远镜可以说是很多望远镜的鼻祖，虽然望远镜经过层层改良，但是其基本原理都和开普勒望远镜类似。

哥白尼提出了震惊世界的"日心说"

开普勒通过开普勒望远镜长期观察行星特别是火星的周期性变化规律，总结出来了著名的开普勒三大定律，在天文学上取得了重大的成就。

开普勒为今天的宇宙观测奠定了基础

开普勒望远镜的结构

开普勒望远镜也称为开普勒式望远镜，是一种典型的折射式望远镜。一般来说，开普勒望远镜由两个凸透镜或者透镜组所组成，靠近被观察物体的凸透镜或者凸透镜组是物镜，而另外靠近人眼的凸透镜或者透镜组则是目镜。这两个凸透镜或者透镜组的轴线在同一条线上，并且物镜的第二焦点和目镜的第一焦点是重合的。

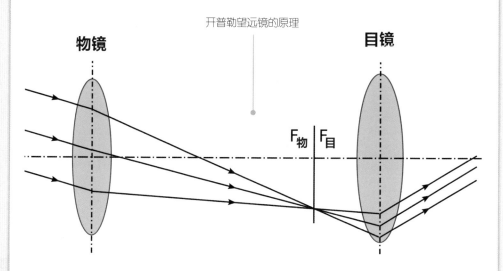

开普勒望远镜的原理

通过物镜和目镜的相互配合，我们就能够看清楚很远的物体。具体来说，望远镜的物镜能够将远处的物体在目镜前面形成一个变小的像，虽然这个像比较小，但是通过目镜的放大作用，我们人眼就能够观察到远处的物体了。

第一个强大的开普勒式望远镜，是由荷兰科学家克里斯蒂安·惠更斯（1629—1695）在他兄弟的帮助下制成的。

1655 年，凭借 2.24 英寸（约 57 毫米）的物镜直径和 12 英尺（约 3.66 米）焦距的望远镜，惠更斯发现了土星最亮的卫星。1659 年，他发表了《土星系统》，第一次给出了土星环真实的解释——这也是通过这架开普勒式望远镜所观测到的。

荷兰科学家
克里斯蒂安·惠更斯

惠更斯观测到的土星记录

1668 年，艾萨克·牛顿在望远镜设计中引入了一个新概念，制作了人类第一架反射式望远镜。他没有使用玻璃透镜，而是使用曲面镜来收集光线，并将其反射回焦点。这面反射镜就像一个收集光的桶——桶越大，它能收集的光就越多。

牛顿的反射式望远镜

在 19 世纪末期，德国化学家奥托·肖特与德国物理学家恩斯特·阿贝合作解决了望远镜的色差问题。与此同时，越来越多的星体通过天文望远镜被观测出来，人们对宇宙的认知也有了更多的了解。

20 世纪
的天文望远镜

1857 年左右，德国物理学家、发明家卡尔·奥格斯特·范·斯坦海尔等人，找到一种在玻璃镜上沉积一层银的方法。银层不仅比镜面更具反射性和持久性，而且可以在不改变玻璃基板形状的情况下方便去除和重新沉积，这是它最大优点。基于这个原理，19 世纪末，人们建造了非常大的银玻璃镜面反射望远镜。

19 世纪中期的望远镜

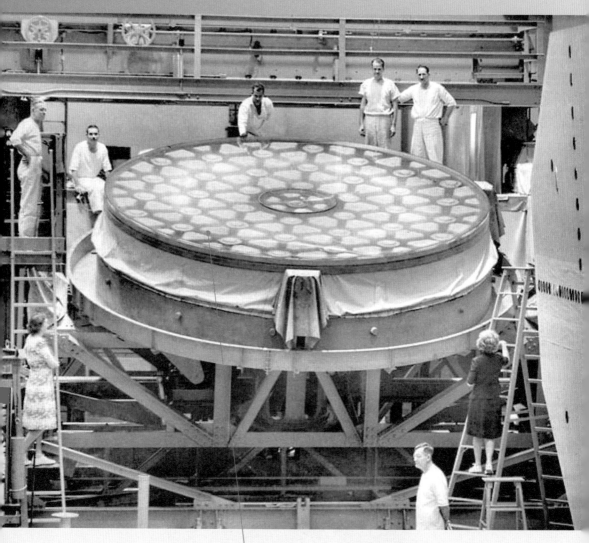

海尔望远镜的镜片

　　20 世纪初，天文望远镜得到了突破性的发展。美国天文学家乔治·E. 海尔（1868—1938）成功说服并得到华盛顿的卡内基研究所赞助，监制建造了威尔逊山天文台的两座望远镜：1908 年建造了口径 1.5 米的望远镜，1917 年建造了口径 2.5 米的望远镜。

　　1948 年，口径 5.08 米的海尔反射望远镜在帕洛玛山天文台建行完成，直到 1975 年苏联 BAT-6 望远镜投入使用之前，这台海尔望远镜一直都是世界最大的望远镜。海尔望远镜的反射镜面采用

装有巨型望远镜
的现代天文台

了膨胀系数小、反射率高的铝膜，取得了突破性的成功。

　　20 世纪 80 年代，两项用于提高更大望远镜图像质量的新技术出现了，被称为主动光学技术和自适应光学技术。在主动光学技术中，图像分析仪每分钟会检测几次星象的像差，计算机调整主镜和副镜的位置，以保持最佳的镜面形状防止信号失真。

　　20 世纪 90 年代，使用主动光学技术的新一代巨型望远镜出现了。1993 年，两座口径约 10 米的凯克望远镜中的第一个启用。

为什么要建造天文台?

其实在天文学历史上，数千年前的古人已经有了观测星空的习惯，而为了方便观察，人们设计出了天文台。公元前 2600 年，为了更好地观测天狼星，古埃及建造了目前已知的世界上最早的天文台。那么，为什么要建造天文台来研究宇宙呢?

世界上最早的
天文台出现在古埃及

最初人们建造天文台是为了观测星象能够有一个专门的机构和地方。在古代，人们会通过观察星空来进行占星活动，所以古代的天文台不仅是进行天文观测的场所，也是研究占星学的场所。

现代的天文台通常可以分为三类:空间天文台、光学天文台和射电天文台。每个天文台都会配备一定的天文观测仪器，主要就是天文望远镜。

架设在高山上的天文台

　　现在世界各国的天文台通常都设置在高山上，这是因为地球外层是大气层，星光通过大气层时，会受到烟雾、尘埃的影响，越高的地方空气越稀薄，烟雾尘埃相对越少，对天文观测的不利影响就越小。

　　目前世界上公认的 3 个最好的天文台分别位于夏威夷莫纳凯亚山、智利安第斯山和大西洋的加那利群岛上。我们居住的房屋的屋顶通常被设计成平面或是斜坡形的，但天文台的屋顶一般都是圆顶。

两个紧紧相邻的天文台

　　原来，圆顶房屋其实是天文观测室，这样的设计是为了观测更便利。而且天文台屋顶是可以转动的，观测时只需转动圆形屋顶，调整观测方向，就可以将望远镜指向观测目标了。

射电望远镜的出现

在 20 世纪，除了大型光学天文望远镜得到了不断发展以外，还有一种望远镜，随着电磁科学的发展而被创造出来，这就是射电望远镜。

1931 年，在美国新泽西州的贝尔实验室里，卡尔·央斯基在用定向天线研究无线电干扰时，发现银河系是射电辐射的一个来源，由此开创了用射电波研究天体的新纪元。央斯基也被誉为射电天文的鼻祖。

抛物面式射电望远镜的发明人格洛特·雷伯

自从央斯基宣布接收到银河系的射电信号后，美国人格洛特·雷伯开始了他射电天文学研究，终于在 1937 年制造成功世界第一台抛物面式射电望远镜。这台射电望远镜的抛物面天线口径为 9.45 米，成功测到了太阳以及其他一些天体发出的无线电波。

经典射电望远镜的基本原理，其实和光学反射望远镜是相似的。从太空投射来的电磁波被镜面反射后，同相到达公共焦点。而旋转抛物面作镜面比较容易实现同相聚焦，所以，我们看到的可动射电望远镜天线，大多是抛物面的形状。

在第二次世界大战之后，射电望远镜开始快速发展起来。在 20 世纪 60 年代，射电望远镜取得了四项非常重要的发现——类星体、脉冲星、星际有机分子和宇宙微波背景辐射，被誉为 20 世纪天文学的"四大发现"。

2020 年 1 月 11 日，目前世界上最大的单口径巨型射电望远镜——"中国天眼"（FAST）正式开放运行。这台 500 米口径球面射电望远镜位于中国贵州省黔南布依族苗族自治州境内，于 2011 年开始兴建，2016 年落成并启动。

今天的
射电望远镜

"中国天眼"开创了建造巨型望远镜的新模式，其反射面相当于 30 个足球场，灵敏度达到世界第二大望远镜的 2.5 倍以上，大幅拓展了人类的视野，在探索宇宙的起源和演化、探测脉冲星和星际分子、搜寻外星文明等诸多方面，能发挥出巨大的作用。

把望远镜送到太空

航天科技的发展
推动了太空探索

随着航天技术的提高，人们有了更为勇敢的尝试——将望远镜送到太空中。

事实上这个想法早在 1946 年就被提出，美国天体物理学家莱曼·斯皮策在自己的论文中提到，在太空中进行天文观测，一方面可以避免大气中空气流动和地球表面人工光源的干扰，另一方面也可以更为清晰准确地接收到光和无线电频率的电磁信号。

于是，1962 年美国国家科学院在一份报告中，推荐把建造空间望远镜作为发展太空计划的一部分。三年后，斯皮策被任命为一个科学委员会的主任，这个委员会成立的目的就是建造一架空间望远镜。

1966 年美国国家航空航天局（NASA）进行了第一个轨道天文台任务，但第一个轨道天文台的电池在三天后就失效，只能终止了这项任务。1968 年美国国家航空航天局发射了第二个轨道天文台，对恒星和星系进行了紫外线的观测。

轨道天文台展现了太空探索的优势和未来，美国国家航空航天局于是计划在太空中建造一台口径为 3 米（后改为 2.4 米）的大型反射望远镜，并计划在 1979 年发射。

轨道天文台

哈勃望远镜的备份镜面

Hubble Space Telescope
Backup Mirror

　　但随后，由于技术和预算的问题，这个计划被拖延了很久。直到 1978 年，美国国会拨付了 3600 万美元之后，这个大型空间望远镜才开始得以设计和建造，并被命名为"哈勃"，用来纪念天文学家埃德温·哈勃。

　　1986 年，"挑战者"号航天飞机在升空时发生爆炸，迫使哈勃望远镜升空的计划再次被延迟。直到 1990 年 4 月 24 日，"发现者"号航天飞机才顺利地将哈勃太空望远镜带入空间轨道中。

在轨道上运行的
哈勃望远镜

　　从进入轨道开始，哈勃望远镜到今天已经工作了 30 多年，经历了 5 次维修。通过哈勃望远镜，人类对宇宙的认知有了不断的提升，比如根据哈勃望远镜的观测推算出宇宙中约有 2 万亿个星系，银河系重约 4.8 亿个太阳质量。哈勃望远镜还首次拍到了超大质量黑洞，证实了天文学家的猜想。

如何计算宇宙的年龄？

　　地球上的动植物都是有生命的，人的一生要经历出生、成长、死亡等阶段，生物皆是这样。我们所处的这个宇宙是不是也有时间的限制？如果有的话，那么它的年龄多大了呢？

　　宇宙从某个诞生时刻到现在的时间间隔就是宇宙的年龄。现在，我们无法确定宇宙的诞生时刻，科学家们就想到了一个办法：既然天上的星星的光芒是经过了几亿年才到达我们眼中的，所以我们观测宇宙是从什么时候开始发射出光线，不就知道了宇宙的诞生时间吗？

　　于是，科学家们想通过对宇宙背景辐射，星系红移及其他宇宙观测数据的综合分析得出一个时间，这个时间就是宇宙最少存在了多久。根据宇宙大爆炸模型推算，宇宙年龄大约是 137 亿年。除了太阳，宇宙中还有和宇宙差不多同龄的古老"恒星"。根据这种恒星的年龄，我们就可以推测出宇宙的大致年龄，这种方法也被认为是测算宇宙年龄最基本的方法之一。

浩瀚的宇宙到底多少岁了？

宇宙年龄介于 100 亿 ~160 亿年之间

　　科学家们对宇宙的年龄有不同的看法，根据不同的宇宙学模型，科学家们估计宇宙的年龄介于 100 亿 ~160 亿年之间。2001 年科学家借助欧洲南方天文台的望远镜，观察到一颗被命名为 CS31082–001 的星球，计算出它的年龄是 125 亿年（这个估计的误差大约是 30 亿年），那么宇宙的年龄至少有 125 亿年。

　　2013 年 3 月 21 日，根据欧洲航天局公布的由"普朗克"太空探测器所传回的宇宙微波背景辐射全景图，科学家们进一步验证了宇宙学标准模型，把宇宙的年龄修正为 138.2 亿岁。

宇宙到底有多大？

宇宙到底有多大？

人们常用"不知天高地厚"来批评那些无知的人，其实对于天究竟有多高这个问题，至今也没有人能彻底说清楚，宇宙的范围大小也就成为天文学家争论不已的问题之一。宇宙到底有多大？古今中外众说纷纭，但最终根本的争论还在于：宇宙到底有没有边？它是有限的呢，还是无边无际的？

公元 140 年左右，希腊天文学家托勒密提出了"地球中心说"，认为地球是整个宇宙的中心。到了 16 世纪，这一理论被波兰天文学家哥白尼提出的"日心说"所推翻，他认为地球是围绕太阳转的，所以太阳才是宇宙的中心。

太阳系的八大行星

　　但是后来人们通过天文望远镜观测发现，太阳系的直径（以海王星轨道为边界）大约是 90.9 亿千米，地球同整个太阳系比较不过是沧海一粟。银河系拥有大约 1000 亿到 4000 多亿颗恒星和大量星云，太阳系同它比较也只不过是沧海一粟。

　　时至今日，我们已经发现的距离我们最远的星系有 100 多亿光年，银河系也不过是其中的一颗沙粒。目前通过先进的大型天文望远镜我们能观测到 100 多亿光年以外的天体，但是依然无法发现宇宙的边缘。因此相当多的天文学家认为宇宙是无限的，不存在边界和中心。

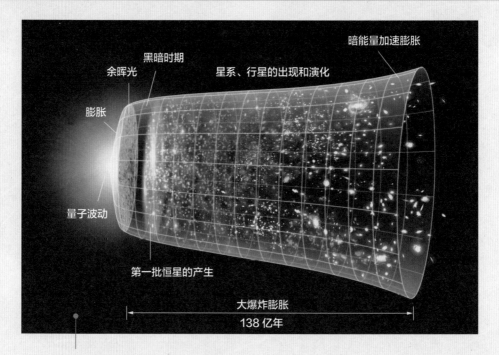

"宇宙大爆炸"理论

但是也有一部分科学家认为宇宙是有限的，宇宙起源于"大爆炸"，自宇宙产生至今的时间是有限的，而且宇宙膨胀的速度是一定的，所以宇宙一定有固定的大小。

总之，宇宙的范围到底有多大，是有限的还是无限的，至今仍然还是一个谜。随着人类航空航天技术的发展和天文学家研究的不断深入，这一天文学难题有望得到解决。

留给你的思考题

1. 在前面的小实验中，为什么要把纸涂成黑色？除了葫芦瓶，还有什么方法可以借助阳光点燃纸呢？

2. 关于宇宙，你还有哪些想知道的问题？可以试着通过书籍或查阅网络资料，进一步了解。